Christopher Späth

Vegetationsdegradierung durch atmosphärische Schadstoffe am Beispiel der neuartigen Waldschäden

GRIN Verlag

Bibliografische Information der Deutschen Nationalbibliothek:

Die Deutsche Bibliothek verzeichnet diese Publikation in der Deutschen Nationalbibliografie; detaillierte bibliografische Daten sind im Internet über http://dnb.d-nb.de/ abrufbar.

Impressum:

Druck und Bindung: Books on Demand GmbH, Norderstedt Germany
ISBN: 978-3-638-91362-1

Dieses Buch bei GRIN:

http://www.grin.com/de/e-book/84428/vegetationsdegradierung-durch-atmosphaerische-schadstoffe-am-beispiel-der

LMU München
Departement für Geowissenschaften
Sektion Geographie – Physische Geographie
Hauptseminar: Geographische Aspekte globaler Umweltprobleme

SS 2007

Hauptseminararbeit

Vegetationsdegradierung durch atmosphärische Schadstoffe am Beispiel der neuartigen Waldschäden

Christopher Späth

LA Gymnasium: Germanistik/Geschichte/Geographie

Datum: 7.6.2007

Inhaltsverzeichnis

I. Einleitung

„Neuartige Waldschäden" oder „Waldsterben", sind eine Form der Vegetationsdegradierung. „Degradierung" bezeichnet eine Verringerung oder Herabsetzung bestimmter Eigenschaften. Die Folgen der Vegetationsdegradierung sind Erkrankungen und das Absterben von Bäumen. Hierfür können sowohl natürliche, quasinatürliche oder anthropogene Einflüsse auf das Ökosystem Wald Ursache sein. Die Hauptursache ist jedoch im anthropogenen Einfluss auf die Zusammensetzung der Atmosphäre zu suchen. Dabei handelt es sich vor allem um veränderte Konzentrationen von Stickoxid, Schwefeloxid, Kohlenwasserstoffe, Ozon usw. Die Erkrankung des Waldes und das in den meisten Fällen darauf folgenden Waldsterben verursachen eine Beeinträchtigung der Waldfunktionen. (Haas, H. et al. 1992, S. 623, 2)

Das Waldsterben, beziehungsweise die nachhaltige Degradierung der Vegetation, vor allem im Wald, durch anthropogen verursachte Faktoren, ist so alt wie der Bergbau und das damit in Zusammenhang stehende Hüttenwesen. Schon zu Beginn des 15. Jhd. finden sich in den Montanakten der Staats- und Landesarchive Beschwerden über schwefelhaltigen Rauch, der Wiesen und Weiden belastete. Im 16. Jhd. wurde mit der Entwicklung von technischen Maßnahmen zur Begrenzung der Schäden durch Hüttenrauch begonnen. In dem 1556 in zwölf Bänden gedruckten Werk „De res metallica" belegt der Arzt und Humanist Georgius Agricola auch die Umweltproblematik, die mit dem Montanwesen einhergeht (Wohlgemuth 2005).

Die Schädigung des Waldes war lange Zeit auf die Wälder in der Umgebung der Industrieanlagen begrenzt. Mit dem wirtschaftlichen Aufschwung nach dem Zweiten Weltkrieg erhöhten sich auch die Schadstoffemissionen. In den 60er Jahren schien man mit der „Politik der hohen Schornsteine" eine Lösung des Problems gefunden zu haben. Die Schäden an der Vegetation um die Industrieanlagen wurden tatsächlich geringer da die Schadstoffe nun in andere Regionen verfrachtet wurden und ihre schädliche Wirkung nun dort zu beobachten war. Das Problem wurde international. Der skandinavische

Wald zum Beispiel wurde nun durch Schadstoffe aus englischen Industrieanlagen geschädigt.
In Deutschland traten die sog. „neuartigen Waldschäden" in den frühen 70er Jahren erstmals auf. Erst wurden an Weißtannen (*Abies alba*), später an Fichten (*Picea abies*) Schäden beobachtet. Mit den Jahren waren immer mehr Baumarten (Kiefern, Buchen, Kastanien und Eichen) von der Schädigung betroffen (Wellburn 1994, S. 239).
Im Folgenden soll erst auf die anthropogene Veränderung der Zusammensetzung der Atmosphäre und die damit verbundenen Einflüsse auf das Waldökosystem eingegangen werden, bevor verschiedene Hypothesen zu den Ursachen neuartiger Waldschäden, eine genauere Betrachtung der verschiedenen Schadensarten und die Beschreibung von möglichen Gegenmaßnahmen folgen.

II. Anthropogene Einflüsse auf die Zusammensetzung der Atmosphäre, die Waldsterben verursachen

Das äußerst empfindliche dynamische Gleichgewicht der Atmosphäre, in dem sich Eintrag und Austritt einzelner atmosphärischer Bestandteile die Waage halten, wird seit Beginn der Industrialisierung durch den Einfluss des Menschen zunehmend gestört. Unterschieden werden muss zwischen Substanzen, die der Mensch direkt in die Atmosphäre einträgt, durch Auto- oder Industrieabgase und einem Eingreifen in die Biosphäre, beispielsweise durch Raubbau an Wäldern oder die Kultivierung von Acker- und Weideland, wodurch Emissionswerte regional verändert werden (Fabian 1987, S. 81).
Messwerte zur Schadstoffbelastung in Bayern werden in Kapitel IV genannt.

II.1. Schwefeldioxid

Entstehung und Deposition

Die Gesamtmenge an Schwefeldioxid (SO_2) in der Atmosphäre setzt sich sowohl aus natürlichen und anthropogen bedingten Emissionen zusammen. Die Menge an natürlich erzeugtem SO_2, zum Beispiel durch mikrobielle Tätigkeit, Vulkanausbrüche, Schwefelquellen etc. ist nur um 50% größer als die durch menschliche Aktivitäten entstandene Menge. Der größte Teil der vom Menschen hervorgerufenen SO_2-Belastung in der Atmosphäre wird in Europa, Nordamerika, China und Indien erzeugt. Bis in die 90er Jahre sank die anthropogen erzeugte Menge an SO_2 durch Emissionskontrollen und verändertem Brennstoffverbrauch. Ein erhöhter Kohleverbrauch in den Schwellenländern, allen voran China und Indien, seit Ende des letzten Jahrhunderts macht diese ersten Erfolge jedoch wieder zunichte (Wellburn 1994, S. 31).
Die Quellen des Schwefelausstoßes lassen sich in „bewusste" und „unfreiwillige" Quellen unterteilen. Mit „bewussten" Quellen sind die Gewinnung von elementarem Schwefel oder Pyriten gemeint, die jedoch immer mehr an Bedeutung verlieren, da unbeabsichtigt erzeugte Nebenprodukte wie $CaSO_4$ (Gips) aus Rauchgasentschwefelungsanlagen auch zur Schwefelerzeugung genutzt werden können. „Unbewusst" erzeugtes SO_2 entsteht hauptsächlich bei der Kohleverbrennung, der Erdölraffination und der Erdölverbrennung (nach Anderson 1978, in Wellburn 1994, S. 32).
Durch die hohen Schornsteine der Industrieanlagen gelangt das SO_2 bis in die Troposphäre, wo sich das schnell abkühlende Gas an die Lufttemperatur angleicht und als Rauchwolken fortgetragen wird. Die vorherrschenden Wetterverhältnisse bedingen, ob die Inhaltsstoffe der Wolke als trockene Deposition in der Region des Erzeugungsortes abgelagert oder bis zu mehreren hundert Kilometern weit getragen werden. Tritt die SO_2-haltige Wolke mit Feuchtigkeit in Verbindung, so gelangen große Mengen des in der Wolke gespeicherten SO_2 als nasse Deposition (Saurer Regen) auf die Erdoberfläche (Wellburn 1994, S. 33).

Auswirkungen auf die Vegetation

Der Eintritt der meisten Luftschadstoffe in das Blatt eines Baumes erfolgt auf ähnliche Weise wie der Ein- und Austritt von CO_2 und H_2O. Eine Schicht ruhender Luft stellt den „Grenzschichtwiderstand" dar den ein gasförmiger Schadstoff überwinden muss, bevor er in das Blatt eindringen kann. Der Widerstand variiert mit der Windgeschwindigkeit und der Größe des Blattes. Bei verringerter Windgeschwindigkeit sinkt der Widerstand und es kommt zu einer verstärkten Aufnahme von Schadstoffen. SO_2 reagiert, wenn es auf ein nasses Blatt oder eine nasse Nadel gelangt mit der Wachschicht der Cuticula, es zerfällt und kann so über die Beschädigte Cuticula ins Blattinnere eindringen. Im Winter oder in der Nacht, wenn die Cuticula über längere Zeit feucht bleibt, kommt es zu einer verstärkten Deposition auf den Blättern und damit zu einem verstärkten Eindringen von SO_2 ins Blattinnere. Eingedrungenes SO_2 zerstört die Chloroplasten wodurch die Photosynthesefähigkeit des Blattes verringert wird (Wellburn 1994, S. 47). Weißliche Stellen von absterbendem Gewebe, so genannte Chlorosen, sind der am häufigsten auftretende sichtbare Schadenstyp. Schreitet die Chlorose voran, kommt es zur Blattnekrose, also zum Absterben des Blattes. Geschädigte Blätter führen dazu, dass der Baum zum Beispiel empfindlicher auf Frost reagiert (Wellburn 1994, S. 53).

II.2. Stickoxide

Stickstoffmonoxid aus Verbrennungsvorgängen

Die Verbindung von atmosphärischem N_2 und O_2 lässt bei hohen Temperaturen Stickstoffmonoxid (NO) entstehen, stickstoffhaltige Bestandteile von Brennstoffen sind an der Produktion von NO in geringerem Maße beteiligt. Die größte Menge an NO wird in Verbrennungskraftwerken produziert, wobei die Menge des entstandenen NO vom Stickstoffgehalt des Brennstoffs ab-

hängig ist. Je höher der Stickstoffgehalt des Brennstoffs ist, desto geringer ist die Menge des entstehenden NO, diese steigt jedoch mit dem Schwefelanteil des Brennstoffs. Sowohl der Einbau des Katalysators in den Verbrennungsmotor als auch die effektive Filterung der bei der Verbrennung entstehenden Gase in Kraftwerken haben dazu beigetragen, die Emission von NO deutlich zu verringern. Dies hat jedoch bis heute nicht dazu geführt, dass die NO-Emissionen auf ein akzeptables Niveau gesenkt wurden (Wellburn 1994, S. 67f.).
Stickoxide entstehen neben der Verbrennung auch bei Produktion von Ammoniumnitrat als Stickstoffdünger für die Landwirtschaft. Dabei entweichen aus den Fabriken große Mengen an Stickoxiden, Ammoniak und Ammoniumnitrat-Staub, was zu regional zu Beeinträchtigung der Umwelt führt (Wellburn 1994, S. 69f.).

Auswirkungen auf die Vegetation

Der cuticuläre Widerstand gegen den Eintrag von Stickoxiden ist geringer als der gegen SO_2 oder Ozon, auch bei geschlossenen Stomata können Stickoxide in Blattinnere eindringen. Ein geringer Teil wird kann auch über die Wurzeln aufgenommen werden (Wellburn 1994, S. 76). Im Inneren des Blattes kommt es, ähnlich der Wirkung von SO_2, zur Schädigung von Blattorganen. Ein noch größeres Problem stellt der Stickstoffeintrag in den Waldboden dar. Es kann, durch Versauerung, zur Auswaschung von Nährelementen aus den oberen Bodenschichten kommen. Der erhöhte Stickstoffeintrag führt zu einer Eutrophierung und toxische Mineralien werden freigesetzt. Durch die Veränderung der bodenchemischen Verhältnisse werden die Aufnahmemechanismen der Wurzeln gestört, was auch zu einer Schädigung der Wurzeln führen kann. Das Ausmaß der Schäden ist jedoch vom Bodentyp abhängig (Sengenbusch 2003).

II. 3. Ozon

Entstehung

In der Stratosphäre entsteht Ozon (O_3), wenn UV-Licht auf ein Sauerstoffmolekül (O_2) trifft und dieses durch ein Photon in zwei O-Atome spaltet. Diese sehr reaktionsfreudigen O-Atome verbinden sich sofort mit einem weiteren Sauerstoffatom zu O_3. Die Photolyse von NO_2, bei der atomarer Sauerstoff freigesetzt wird, ist die wichtigste Ozonquelle. In der Atmosphäre entsteht Ozon hauptsächlich bei der Reaktion von Stickoxiden, die Vorläufersubstanzen darstellen und vornehmlich in der Industrie, dem Kfz- und Flugverkehr entstehen, mit Sauerstoff. Ozon reagiert sehr schnell mit NO zu NO_2 und O_2. In Regionen mit hoher NO-Konzentration wird Ozon demnach schneller abgebaut, als in Regionen mit geringerer NO-Konzentration, zum Beispiel in Wäldern. Die Rückreaktion von Ozon zu NO_2 und O_2 ist im Wald also nur in geringerem Umfang möglich wodurch die O_3-Konzentration im Waldregionen höher ist (Nisbet 1994, S. 102).

Auswirkungen auf die Flora

Ozon dringt über die Stomata in das Blatt ein und bildet dort radikale Derivate, die Zellveränderungen und Zellschäden verursachen. Vor allem das Zellplasma und die Zellmembranen werden geschädigt, die Membrandurchlässigkeit wird verringert, was zu wasserdurchtränkten Zonen unterhalb der Blattepidermis führt. Zwischen den Blattadern kommt es zu rötlich oder bräunlich gefärbten Flecken (Wellburn 1994, S. 151f.).

III. Verschiedene Hypothesen als Ursachen für neuartige Waldschäden

III.1. Saurer Regen und Bodenauswaschung

Sind Wälder einem starken Säureeintrag ausgesetzt, kommt es zu schädlichen Veränderungen in der Bodenchemie, wodurch das Wurzelwachstum beeinträchtigt und damit die Vitalität der Bäume gefährdet wird. Erhöht sich der Schwefel- und Stickstoffeintrag in das Waldökosystem, kann man zunächst ein verstärktes Wachstum der Bäume beobachten, was auf die Düngewirkung von Schwefel und Stickstoff zurückzuführen ist. Der erhöhte Säureeintrag verringert auf lange Sicht jedoch die Pufferkapazität des Waldbodens und für Bäume lebenswichtige Nährstoffe wie Kalium oder Calcium werden aus dem Boden ausgewaschen und fortgespült. Dadurch kann der Waldboden die für das natürliche Wachstum von Bäumen notwendigen Nährstoffe nicht mehr bereitstellen (Wellburn 1994, S. 245). Der Verlust an Nährstoffen ist besonders in solchen Regionen besonders schwerwiegend, deren Böden arm an bestimmten Nährstoffen sind. So hat zum Beispiel in Regionen mit Granitgestein, deren Böden wenig Magnesium enthalten, die Verringerung dieses Nährstoffes durch Säureeintrag besonders negative Folgen: es kommt zur Gelbfärbung von Blättern und Nadeln (Wellburn 1994, S, 245). Durch die Veränderung des pH-Werts werden Aluminiumionen von Bodenpartikeln abgespalten. Diese Aluminiumionen, die sowohl für die Aufnahmemechanismen des empfindlichen Wurzelhaarsystems als auch für die Pilze der mit den Wurzeln assoziierten Mykorrhizen toxisch sind, hemmen die Aufnahmefähigkeit der Wurzeln für wichtige Mineralien oder Wasser. Dadurch werden die Bäume anfälliger für Krankheiten oder Dürreperioden. In zahlreichen Versuchen, in denen Waldboden künstlich mit saurem Regen bewässert wurde, konnte der Zusammenhang von erhöhten Werten von Aluminiumionen und niedrigeren Werten bei Calcium, Kalium, Magnesium und Mangan bewiesen werden. Diese Hypothese kann aber nur in solchen Waldregionen als Ursache für Nadelverfärbungen gelten, in denen der Waldboden ohnehin arm an Magnesium und anderen Nährstoffen ist (Wellburn 1994, S. 245).

III.2. Ozon und photochemische Prozesse

Die Nadel- oder Blattschäden könnten, so eine weitere Hypothese, auch mit erhöhen Ozonwerten zusammenhängen. In höheren Lagen zerfällt Ozon langsamer als in tieferen Lagen. Eine neuere Hypothese zur Erklärung neuartiger Waldschäden sagt aus, dass eine beschädigte Zellmembran das Auswaschen von Nährstoffen aus den Nadeln und Blätter begünstigt und den einzelnen Baum somit anfälliger für Befall von Insekten oder Pilzen macht. Die Auswirkungen eines erhöhten Ozonwerts variieren aber bei verschiedenen Baumarten. In Versuchen, in denen bestimmte Baumarten eine Wachstumsperiode lang mit Ozon begast wurden, wurden jeweils unterschiedliche Ergebnisse erzielt. So konnten nach einer Wachstumsperiode mit Ozonbegasung an Fichten keine nennenswerten Schäden, an Tannen dagegen eine verringerte Photosyntheseleistung festgestellt werden. Die Waldkiefer hingegen (*Pinus sylvestris)* reagierte bereits nach einmaliger Begasung mit Ozon mit verringertem Wurzelwachstum und beschleunigter Seneszenz der älteren Nadeln. Setzte man die Kiefer allerdings einer mehrjährigen Begasung aus, so konnten auch dort nach drei bis vier Jahren Schäden an Nadeln und Blättern festgestellt werden (Wellburn 1994, S. 246).

Es ist wahrscheinlich, dass die Bedeutung von Ozon als mögliche Ursache neuartiger Waldschäden regional variiert und von der Baumart abhängig ist (Wellburn 1994, S. 246).

III.3. Zusammenwirken verschiedener Faktoren und erhöhte Anfälligkeit für Stress und Infektionen

Hohe SO_2-Werte können ebenso wenig als alleinige Ursache für neuartige Waldschäden identifiziert werden wie Stickoxide, erhöhte Ozonwerte oder Klimaschwankungen. Die einzelnen Faktoren tragen alle einen bestimmten Teil zum vermehrten Auftreten neuartiger Waldschäden bei, allerdings spricht vieles dafür, von einer komplexen Wechselwirkung zwischen SO_2, Ozon und Stickoxiden auszugehen. Derartige Schadstoffkombinationen führen bei vielen Pflanzen zu einem Wachstumsrückgang und dem schnellen Auftreten von Schädigungen. Pflanzen sind anfälliger für Stressschäden, Nadeln und Blätter werden leichter von Krankheiten befallen, wenn sie mehreren Schadstoffen gleichzeitig ausgesetzt sind. Stressfaktoren (Frostschäden, Dürre, Wind) können sich gegenseitig verstärken. So wird z. B. bei Wind die Transpiration erhöht, was in Trockenzeiten problematisch ist, bei tieferen Temperaturen steht kein Wasser zur Verfügung, da es nur in gefrorenem Zustand vorhanden ist. Die Wasseraufnahme durch die Wurzeln ist bei Pflanzen, die Luftschadstoffen ausgesetzt sind, erhöht, da die Wurzelmenge durch die Wirkung von Schadstoffen verringert wurde. In Dürreperioden stehen nun weniger Wurzeln zur Wasseraufnahme zur Verfügung. Die einzelnen Wurzeln müssen einen größeren Spross versorgen und das Gleichgewicht von Wurzelmenge und Spross ist nicht mehr intakt. Davon betroffene Bäume sind besonders anfällig für Wasserstress, dies kommt vor allem bei Bäumen die in Waldböden mit einer geringen Wasserhaltekapazität wachsen vor (Wellburn 1994, S. 247f.).

Bei dieser Hypothese stellt sich die Frage, ob das Vorhandensein von Luftschadstoffen später folgende Stressfaktoren begünstigt, oder ob gegebene Stressfaktoren den Baum für Luftschadstoffe anfälliger machen. Diese Frage ist noch nicht geklärt.

III.4. Ammoniumionen und übermäßiger Stickstoffeintrag

30% der gesamten sauren nassen Deposition machen stickstoffhaltige Luftschadstoffe aus. Der gestiegene Brennstoffverbrauch vor allem von Autos, die verstärkte Anwendung künstlicher Düngemittel und eine intensivere Massentierhaltung führten zu einer vermehrten Emission von stickstoffhaltigen Luftschadstoffen (Wellburn 1994, S. 248). Eine Hypothese von Nilgard zur Erklärung von Waldschäden sagt aus, dass es bei erhöhtem Stickstoffeintrag zunächst zu einem Wachstumsschub kommt, der das Gleichgewicht von Kohlenhydraten und Proteinen beeinträchtigt. Um das Gleichgewicht wieder herzustellen nimmt die Pflanze vermehrt wichtige Mineralstoffe wie Phosphat, Magnesium und Kalium auf. Daneben wird aber das Auswaschen dieser Mineralien aus den Zellen durch toxische Nebenprodukte wie beispielsweise Ammoniakderivate vergrößert. Dies begünstigt das Wachstum von epiphytischen Flechten oder Pilzbefall, wodurch die Photosyntheseleistung vermindert wird.

Ein Pflanzenspross verbraucht mehr Kohlenhydrate zur Kompensation des erhöhten Stickstoffeintrags, dadurch erhalten die Wurzeln weniger Kohlenhydrate. Dies hat zur Folge, dass den an den Mykhorrizen beteiligten Pilzen ebenfalls weniger Kohlenhydrate zugänglich sind und somit die mikrobielle Tätigkeit im Boden behindert wird. Der Wald wird durch diese Änderungen im Nährstoffhaushalt, hervorgerufen durch vermehrtes Blattwachstum und verringertes Wurzelwachstum, für anderen, durch Wassermangel, Dürre, Wind oder Krankheitsinfektionen verursachten Stress anfälliger (Wellburn 1994, S. 248).

III.5. Unangemessene Forstpraxis

Ein Teil der Forstwirte ist schon seit längerer Zeit der Ansicht, dass die Bewirtschaftung der Waldflächen mit Monokulturen mehr Schaden als Nutzen bringt. Ein monokulturell bewirtschafteter Wald ist wesentlich anfälliger, auch für natürliche Krankheiten, vor allem dann, wenn die einzelnen Bäume ihr Reifestadium erreichen. Für die Erklärung der neuartigen Waldschäden ist dieser Ansatz jedoch wenig ergiebig, aber wichtig für geplante Wiederaufforstungsmaßnahmen. Es ist jedoch ebenso möglich, dass einige Bäume schlicht zu alt wurden und daher altersbedingt anfälliger für Krankheiten sind, als jüngere (Wellburn 1994, S. 245).

Insgesamt gibt es weit über 100 verschiedene Hypothesen Erklärung der Ursachen neuartiger Waldschäden, einige konnten jedoch bereits widerlegt werden. Keine der Hypothesen kann aber für sich den Anspruch erheben, die Ursachen umfassend darzulegen.

Die Ergebnisse von Versuchen, die in einem bestimmten Waldgebiet der an einer Baumart durchgeführt wurden lassen sich nicht vorbehaltlos auf andere Wälder übertragen, da Waldökosysteme regional unterschiedlich aufgebaut ist. Einzelne Wälder sind unterschiedlichen Witterungsverhältnissen ausgesetzt ist, das Alter des Baumbestands und dessen Zusammensetzung (Mischwald, Nadelwald, etc) kann variieren und jede Baumart reagiert anders auf Schadstoffeinträge.

IV. Zustand der bayerischen Wälder 2002-2006

IV.1. Schadstoffdeposition in den bayerischen Wäldern

Um die Schadstoffdeposition in Bayerns Wäldern kontinuierlich zu messen und Veränderungen zu beobachten, wurden im Freistaat 22 Waldklimastationen eingerichtet, in denen wöchentlich das Regenwasser und das von den Baumkronen auf den Waldboden tropfende Wasser auf seine Schadstoffkonzentration (Schwefel-, Stickstoff-, Ozoneinträge) gemessen wird. Für eine flächenrepräsentative Aussage über die jeweilige Region ist die Zahl von 22 Beobachtungsstationen jedoch zu gering (Bayerisches Staatsministerium für Landwirtschaft und Forsten (Hrsg.): Waldzustandsbericht 2002, S. 15).

Stickstoffeinträge

Der Mittelwert des Gesamt-Stickstoff-Bestandes der Waldklimastationen hat sich in den Jahren 2002 bis 2006 kaum verändert und liegt bei ca. 13,5 kg/ha. Von 2002 bis 2005 war ein Rückgang von ca. 2 kg/ha zu verzeichnen, von 2005 bis 2006 stieg der Gesamt-Stickstoff-Bestand jedoch wieder auf das Niveau von 2002, was bei einem Teil der Stationen auf höhere Jahresniederschläge zurückzuführen ist. Der höchste Wert wurde an der Station Goldkronach, im Nordosten Bayerns, gemessen, ca. 19 kg/ha, wobei sich der Wert hier seit 2000 um über 10 kg/ha verringert hat. Die geringste Belastung wurde an der Station Berchtesgaden, im Südosten des Landes, mit knapp über 5 kg/ha gemessen. Es besteht Handlungsbedarf, um die Werte des Stickstoff-Bestandes zu verringern. An nahezu allen Stationen (17 von 22) sind die Werte zu hoch, um eine nachhaltige Veränderung der Waldökosysteme zu vermeiden. An der Station Kreuth beispielsweise ist eine Reduktion um 68%, in Altdorf gar um 78% erforderlich. Die Intensität der nötigen Reduktion fällt in Nordbayern wesentlich höher aus als im Süden, Altötting weist hier mit 29% den zweithöchsten Wert auf (Bayerisches Staatsministerium für Landwirtschaft und Forsten (Hrsg.): Waldzustandsbericht 2006, S. 14).

Schwefeleinträge

In den letzten beiden Jahrzehnten konnten durch die Luftreinhaltepolitik die Emissionen deutlich reduziert werden. Wegen des hohen Akkumulationseffekts im Boden wirken sich die hohen Schwefeleinträge aus den früheren Jahren auch heute noch aus. An Stationen im Nordosten Bayern (Goldkronach, Flossenbürg, Rothenkirchen) wurden die höchsten Werte (8-10 kg/ha) gemessen. Die Schwefeleinträge müssen weiter verringert werden, um eine nachhaltige Schädigung des Waldökosystems zu verhindern. An sechs Stationen in den nordöstlichen bayerischen Mittelgebirgen, die dort vorherrschenden sandigen, basischen Böden reagieren besonders empfindlich auf Säureeinträge, waren die Werte zu hoch (Reduktion, teilweise um bis zu 57%)

(Bayerisches Staatsministerium für Landwirtschaft und Forsten (Hrsg.): Waldzustandsbericht 2006, S. 16).

Ozoneinträge

Die Ozonkonzentrationen werden seit 2002 an sieben ausgewählten Waldklimastationen gemessen, im Norden Bayerns (Altdorf, Goldkronach, Rothenbuch) und im Süden des Landes (Freising, Berchtesgaden, Sonthofen, Kreuth). Die höchsten Werte wurden während der Sommermonate des extrem trockenen Jahres 2003 gemessen (125µg/m^3, Überschreitung des kritischen Schwellenwerts von 65µg/^{3} an allen montanen und subalpinen Stationen). Die Werte von 2006 sind mit denen aus den Jahren 2004 und 2005 vergleichbar, überschreiten aber an den Stationen Sonthofen, Kreuth und Berchtesgaden den kritischen Schwellenwert (Bayerisches Staatsministerium für Landwirtschaft und Forsten (Hrsg.): Waldzustandsbericht 2006, S. 17).

IV.2. Zustand der Baumkronen und Einteilung in Schadstufen

Zur Beurteilung des Zustands der Baumkronen, entwickelte die Bayerische Landesanstalt für Wald- und Forstwirtschaft 1983 ein Verfahren, um den Gesundheitszustand des Waldes mit einer Stichprobenaufnahme objektiv zu erfassen. Um die Ergebnisse über die Jahre hinweg vergleichen zu können, wurde die Methode seit ihrer Einführung nicht verändert. Inwieweit durch eine visuelle Beurteilung der Bäume exakte Aussagen über den aktuellen Zustand der Bäume getroffen werden können, ist wissenschaftlich umstritten.
Es wird eine Einteilung in fünf Stufen, die entsprechend der Nadel- und Blattverluste definiert sind, vorgenommen. Stufe 0 (ohne Schadmerkmale), mit 0 bis 10% Nadel- und Blattverlust, bis 25% (Warn-)Stufe 1 (schwach geschädigt), bis 60% Stufe 2 (mittelstark geschädigt), über 60% Stufe 3 (stark geschädigt) und Stufe 4 bei völlig abgestorbenen Bäumen.

In den Vergleichen mit den vorangegangenen Jahren müssen die schädigenden Auswirkungen des Trockenjahres 2003 berücksichtigt werden.
Die durchschnittliche Kronenverlichtung lag im Jahr 2006 bei 22,7% und hat damit den gleichen Wert wie 2005. Im Vergleich mit dem Jahr 2004 sank der Wert um 0,9%, stieg jedoch im Vergleich mit den Jahren 2003 und 2002 um 2,7% an. (WZB 2006, S. 23) Betrachtet man die Werte für alle Baumarten zusammen, so sind 25,1% der Bäume ohne Schäden. In den letzten fünf Jahren ist dieser Wert kontinuierlich gesunken (2002 noch 29,8%). Ein anderes Bild zeigt sich bei der Betrachtung der stark geschädigten Bäume (Stufe 1). Hier sind die Werte seit 2002 stark gesunken. Waren es 2002 noch 49,3%, sind es 2006 nur mehr 40,9%. Hingegen waren 2006 32,2% der Bäume mittelstark geschädigt, 2002 waren es nur 18,6%. Bei den stak geschädigten und den abgestorbenen Bäumen schwanken die Werte zwischen 1,9% (2002) und 1,5% (2006) in der Stufe 3 und zwischen 0,5% (2002) und 0,3% (2006) in der Stufe 4. Fasst man die Stufen 2 bis 4 zusammen (deutliche Schäden) zeigt sich ein äußerst bedenklicher Anstieg von 20,9% (2002) auf 34% (2006).
Betrachtet man die erfassten Nadelbäume (Kiefer, Fichte, Tanne) im Einzelnen, lässt sich nur bei der Tanne eine positive Entwicklung erkennen, bei der als einzige ein prozentualer Zuwachs an Bäumen der Stufe 0 ermittelt wurde. In keiner der Schadstufen, außer Stufe 4 nahmen die Prozentzahlen zu. In der Schadstufe 4 erhöhte sich der Wert um 0,5% (2002 bis 2006), lag aber 2005 und 2003 bei 0%. 2002 wurden noch 50,1% den Stufen 2 bis 4 zugeordnet, 2006 waren es nur noch 42,6%. Bei der Fichte ist ein leichterer Anstieg (2002: 24,1%, 2006: 29,4%) zu verzeichnen als bei der Kiefer, deren Bestände in den letzten fünf Jahren immer stärker geschädigt waren (2002: 15,7%, 2006: 34,4%).
Die Ergebnisse bei den beobachteten Laubbäumen (Eiche und Buche) sind noch dramatischer. Nur noch 23,8% der Bäume weisen keine Schadmerkmale auf, 2003 waren es noch 36,9%. Wiesen 2002 nur 17,2% der Bäume deutliche Schäden (Stufe 2 bis 4) auf, waren es 2006 39,7%, wobei dies auch, neben anderen Faktoren, auf die extreme Trockenheit im Sommer 2003 zu-

rückzuführen ist (2003: 19,5%, 2004: 39,2%). Die Anzahl der schwach geschädigten Bäume nimmt ab (2002: 46,2%, 2006: 38,1%), die Anzahl der mittelstark geschädigten hingegen nimmt verstärkt zu (2003: 15,3%, 2006: 36,6%).

Bei der Betrachtung der Werte muss berücksichtigt werden, dass ein Rückgang in der Stufe 1 meist einen Anstieg in den folgenden Stufen, besonders Stufe 2 impliziert, da die Bäume in eine höhere Schadstufe gelangen. Eine singuläre Betrachtung der Bäume in Schadstufe 1 kann also kein Indiz für eine Erholung des Waldes sein (Bayerisches Staatsministerium für Landwirtschaft und Forsten (Hrsg.): Waldzustandsbericht 2006, S. 23).

V. Gegenmaßnahmen

V.1. Bodenschutzkalkung

Ein wirksamer Schutz des Waldes gegen eine anhaltende Versauerung und Nährstoffverarmung zu schützen, kann durch eine standortbezogene Bodenschutzkalkung und eine humuspflegliche Waldbewirtschaftung erreicht werden (Keber 1997). Die Bodenschutzkalkung soll die negativen Folgen von Bodenversauerung, Entbasung und Stickstoffübersättigung durch externe Säureeinträge und interne Säureproduktion so weit wie möglich kompensieren. Ziel sind eine Verbesserung bzw. Stabilisierung des Nährelementkreislaufs und eine Steigerung des Puffervermögens der Waldböden bei Säureeinträgen. Seit 15 bis 20 Jahren werden Waldkalkung und Walddüngung nicht mehr nur zur Steigerung des Holzzuwachses sondern vor allem zur Stabilisierung des Waldökosystems und dessen Funktionen vorgenommen. Zur Kalkung der Waldböden werden nahezu ausschließlich magnesiumhaltige Dolomitkalke verwendet um neben der Neutralisation von Säuren auch die Versorgung des Waldbodens mit Magnesium sicherzustellen. Daneben können dem Boden auch andere Elemente, die dem Ökosystem Wald durch Auswaschung nicht mehr in ausreichender Menge zur Verfügung stehen und deren Mangel durch Nadelanalyse diagnostiziert wurde, wie beispielsweise Kalium und Calcium, zugeführt werden. Durch die Versauerung des Bodens verringert sich auch das Vorkommen von Bodenmikroorganismen, deren strukturbildende und –stabilisierende Wirkung dem Waldboden damit fehlt. Geeignete Kalke sind: kohlensaure Magnesiumkalke, die den Vorteil eines Naturprodukts bieten und in unveränderter Form kostengünstig eingesetzt werden können. Diese magnesiumreichen Dolomite werden dem kompensatorischen Anspruch an ehesten gerecht und bergen zudem ein geringes ökologisches Risiko. Daneben können aber auch Kalke, die bei industriellen Verarbeitungsprozessen entstehen und in Löslichkeit und chemischer Zusammensetzung den Naturkalken entsprechen, oder silikatische Gesteinsmehle mit einer geringeren Löslichkeit und damit besonders für den Einsatz in Trinkwasserschutzgebieten geeignet verwendet werden. Phosphat-, Kalium-, Stickstoff-, oder Magnesiumdünger kann zusätzlich beigemischt werden. Die Zusammensetzung und Menge des Ausbringungsmaterials variiert nach den regionalen Gegebenheiten und Ansprüchen. (Merkblätter der Forstlichen Versuchs- und Forschungsanstalt Baden-Württemberg, 2000)

Nutzen und Risiken der Bodenschutzkalkung

Durch die Bodenschutzkalkung sollen aktuelle Säureeinträge auf der Bodenoberfläche neutralisiert werden und die Basensättigung im oberen Mineralboden (A_h-Horizont) erhöht werden. Zudem soll die Pufferkapazität des Waldbodens erhöht und die Versorgung der Bäume mit Magnesium verbessert werden. Organische Substanzen aus dem Auflagehumus sollen biologisch in den Mineralboden eingearbeitet, die Austauschkapazität im Wurzelraum vergrößert werden. Langfristig wird der für Feinwurzeln erreichbare Wurzelraum vertieft.

Der durch Auswaschung verursachte Mangel an wichtigen Nährelementen im Waldboden soll nicht nur durch die Verabreichung des Mangelelements behoben werden. Vielmehr kann durch eine Bodenschutzkalkung der Bodenchemismus dahingehend verändert werden, dass basische Elemente stabil gespeichert werden können und damit die bodenbiologische Aktivität sichergestellt wird. Als positiver Nebeneffekt verursacht die Bodenschutzkalkung eine verbesserte Stickstoffspeicherung im Waldboden durch verstärkte Bildung von Mineralbodenhumus. (Merkblätter der Forstlichen Versuchs- und Forschungsanstalt Baden-Württemberg, 2000)

Die Bodenschutzkalkung birgt aber auch Risiken für den Waldboden. Zur Ermittlung von Schaden und Nutzung der Bodenschutzkalkung wurde ein Versuch durchgeführt, in dem je einer gekalkten und einer ungekalkten Fläche über einen Zeitraum von sechs Jahren künstlich saurer Regen zugeführt wurde. Wie sich herausstellte hatte das Sickerwasser unterhalb der gekalkten Fläche einen wesentlich höheren Nitratgehalt (ca. 200 mg/l) als das unter der ungekalkten (70 mg/l). Ähnliches konnte bei der Konzentration von durch Kalkung mobilisierten Schwermetallen wie Blei, Eisen und Kupfer festgestellt werden. Daraus leitet sich die Forderung ab, mit der Kompensationskalkung vorsichtig umzugehen und die gekalkten Waldflächen stets unter Beobachtung zu halten (Keber 1997).

Ausbringungstechnik und Zeitpunkt der Ausbringung

Sowohl das Abwerfen aus der Luft von Stäuben als auch das Verblasen haben sich als Ausbringungstechnik bewährt. Unter geeigneten Rahmenbedingungen ist das Verblasen kostengünstiger und erfordert einen geringeren Energieaufwand. Probleme ergeben sich durch die Abdrift von Kalkstaub, wobei eine beträchtliche Menge an Material verloren gehen kann und womöglich in Regionen gelangt, in denen das Material schädlich auf den Waldboden wirkt. Der Abwurf des Materials aus einem Hubschrauber oder Flugzeug, die aviotechnische Ausbringung, setzt ebenso wie die Technik des Ausblasens geeignete Witterungsbedingungen voraus. Das aviotechnische Verfahren ist hinsichtlich der Homogenität der Ausbringung und des Verdrif-

tens des Ausbringungsmaterials günstiger zu bewerten. Diese Methode ist jedoch finanziell und energetisch aufwändiger.
Ganzjährig ausgebracht werden können Gesteinsmehl und dolomitische Kalke. In der Hauptvegetationszeit wird von einer Ausbringung aus bodenzoologischer Sicht jedoch abgeraten. Ist dem Ausbringungsmaterial ein schnell löslicher Kalium- oder Magnesiumdünger beigemischt, so sollte die Kalkung vor Beginn der Vegetationsperiode abgeschlossen sein. Eine Kalkung sollte prinzipiell nach Durchforstungsmaßnahmen erfolgen, um eine homogene Verteilung des Kalks zu gewährleisten. (Merkblätter der Forstlichen Versuchs- und Forschungsanstalt Baden-Württemberg, 2000)
Die Bodenschutzkalkung kann nur bereits bestehende Schäden im Waldboden kompensieren. Damit es erst gar nicht zur Notwendigkeit der Bodenschutzkalkung kommt, müssen vorbeugende Maßnahmen ergriffen werden. Den Ursachen der neuartigen Waldschäden, also den Luftschadstoffen, muss entgegengewirkt werden

V.2. Maßnahmen der Bundesregierung gegen neuartige Waldschäden

Um schädliche Einflüsse auf die Umwelt zu verringern will die Bundsregierung die Klima- und Luftreinhaltepolitik konsequent vorantreiben. Dies kann nur in internationaler Zusammenarbeit geschehen. Die Grundlage dafür wurde 1979 mit dem „Genfer-Luftreinhalte-Abkommen“, das von 34 Staaten und der Europäischen Gemeinschaft abgeschlossen wurde und 1983 in Kraft trat geschaffen. Am 17.5.2005 trat das bislang letzte von insgesamt acht Protokollen in Kraft, das so genannte Multikomponentenprotokoll, das einer Senkung von Luftschadstoffen (z. B. Schwefeldioxid, Stickstoffoxide, Ammoniak) dienen soll. Die Europäische Union hat eine Reihe von Richtlinien zur Luftreinhaltung erlassen. Auch die Substitution fossiler Brennstoffe durch erneuerbare Energien soll zu einer Minderung der Luftverschmutzung führen.
Es würde zu weit führen, alle Beschlüsse, Verordnungen und Protokolle die die Verminderung von Luftschadstoffen zum Ziel haben, aufzulisten. Die Poli-

tik ist sich dem ernst der Lage im Jahr 2007 viel mehr bewusst, als noch vor 20 oder 30 Jahren. Der gute Wille ist schon seit Jahren erkennbar, nun müssen die Ziele konsequent verfolgt werden (Bundesministerium für Ernährung, Landwirtschaft und Verbraucherschutz (Hrsg.) (2006): Bericht über den Zustand des Waldes 2006.).

VI. Zusammenfassung

Seit der Industrialisierung treten Luftschadstoffe in so großem Maß in den Wald ein, dass eine tief greifende Veränderung des Waldökosystems stattgefunden hat.

Als Ursache für neuartige Waldschäden kann nicht ein einziger Faktor, beispielsweise die Zunahme der Schwefeloxid-Belastung in der Luft, ausgemacht werden. Vielmehr sind die neuartigen Waldschäden auf ein komplexes Zusammenwirken vieler Faktoren zurückzuführen. Die Luftschadstoffe spielen jedoch eine herausragende Rolle, kann man sie doch als Motor der fortschreitenden Zerstörung der Waldökosysteme bezeichnen.

Das Waldökosystem ist regional sehr unterschiedlich aufgebaut. Unterschiedliche Böden, Luv- und Leelagen, die Form der Bewirtschaftung, das Alter des Baumbestandes und dessen Zusammensetzung (Monokulturen) lassen den Wald unterschiedlich auf eintretende Schadstoffe reagieren.

Um den neuartigen Waldschäden entgegenwirken zu können, ist die Bodenschutzkalkung, sofern sie den Ansprüchen des Waldbodens gemäß eingesetzt wird, ein durchaus brauchbares Mittel. Mit dieser Methode kann aber nur bereits bestehenden Schäden entgegengewirkt werden. Soll sich der Wald nachhaltig erholen, ist es vielmehr notwendig, die Ursachen der Faktoren zu bekämpfen, die Gegenmaßnahmen wie die Bodenschutzkalkung erst notwendig erscheinen lassen, also die Verringerung der Schadstoffemissionen. Hier muss an erster Stelle die Politik tätig werden und Emissionsgrenzen festlegen, damit das Ökosystem Wald in seinem natürlichen Zustand fortbesteht.

Literaturverzeichnis

Fabian, P. (1987): Atmosphäre und Umwelt. Chemische Prozesse - menschliche Eingriffe. Berlin.

Haas, H., Leser, H. (Hrsg.) (1992): Westermann-Lexikon Ökologie und Umwelt. Braunschweig.

Horzetzky, G. (1984): Waldsterben und Luftverschmutzung. In: Gewerkschaftliche Monatshefte 4, S. 226-234, Wiesbaden.

Nisbet, E. G. (1994): Globale Umweltveränderungen. Ursachen, Folgen, Handlungsmöglichkeiten, Klima, Energie, Politik. Heidelberg.

Park, C. (1987): Acid Rain. Rhetoric and reality. London.

Rehfuss, K. E. (1990): Wirkungen von Luftschadstoffen in mitteleuropäischen Wäldern. In: Energiewirtschaftliche Tagesfragen 40, Heft ½, S. 36-46, Essen.

Roth, U. (1992): Luft. Zur Situation von Lufthaushalt, Luftverschmutzung und Waldschäden in der Schweiz; Ergebnisse aus dem nationalen Forschungsprogramm. Zürich.

Wellburn, A. (1994): Luftverschmutzung und Klimaänderung. Auswirkungen auf Flora, Fauna und Mensch. Berlin Heidelberg New York.

Internetquellen

Ammer, C., et al. (2006): Waldzustandsbericht 2006. Hrsg.: Bayerisches Staatsministerium für Landwirtschaft und Forsten. München.
http://www.forst.bayern.de/imperia/md/content/forst-internet/pdf/wze-2006/waldzustandsbericht_2006.pdf

Ammer, C., et al. (2005): Waldzustandsbericht 2005. Hrsg.: Bayerisches Staatsministerium für Landwirtschaft und Forsten. München. http://www.forst.bayern.de/waldschutz/waldzustandsbericht/waldzustandsbericht2005/

Blaschke, M., et al. (2004): Waldzustandsbericht 2004. Hrsg.: Bayerisches Staatsministerium für Landwirtschaft und Forsten. München. http://www.lwf.bayern.de/imperia/md/content/lwf-internet/veroeffentlichungen/lwf-waldzustandsbericht/01/lwf-waldzustandsbericht_2004.pdf

Blaschke, M., et al. (2003): Waldzustandsbericht 2003. Hrsg.: Bayerisches Staatsministerium für Landwirtschaft und Forsten. München. http://www.forst.bayern.de/imperia/md/content/forst-internet/pdf/wze-2003/wze_2003.pdf

Bundesministerium für Ernährung, Landwirtschaft und Verbraucherschutz (Hrsg.) (2006): Bericht über den Zustand des Waldes 2006. http://www.bmelv.de/cln_044/nn_753668/SharedDocs/downloads/06-Forstwirtschaft/Waldzustand2006,templateId=raw,property=publicationFile.pdf/Waldzustand2006.pdf

Keber, M. (1997): Waldsterben oder „neuartige Waldschäden“. http://www.uni-koblenz.de/~odsbcg/baeume97/bsterb.htm / 5.6.2007

Merkblätter der Forstlichen Versuchs- und Forschungsanstalt Baden-Württemberg. (2000) http://www.fva-bw.de/publikationen/merkblatt/mb_50.pdf

Sengenbusch, P. v. (2003): Luftverunreinigungen, Saurer Regen; Waldschäden. http://www.biologie.uni-hamburg.de/b-online/d55/55a.htm / 5.6.2007

Wohlgemuth, H. (2005): Saurer Regen. Vom Zeugnis frühmontaner Umweltbealstungen bis zu neuartigen Waldschäden. In: Umweltpanorama, Heft 10. http://www.ugii.net/umwelt/Schriften/10-hw-saurerregen.html / 5.6.2007